PRINCIPES FONDAMENTAUX

DE

SOMIOLOGIE

OU

LES LOIX DE LA NOMENCLATURE ET DE LA CLASSIFICATION DES CORPS ORGANISÉS

PAR C. S. RAFINESQUE.

PALERME

1814.

Ouvrages & Essais déjà publiés par le même Auteur.

1. Description de 4 nouvelles Espèces d'Oiseaux de l'isle de Java, observés dans le Museum de M. Peale à Philadelphie, *Turnix javanica*, *Dicrapicum (Picoides) erythronotus*, *Hirundo longipennis*, *Sylvia cuneata*. Inseré dans le Bulletin des Sciences 1803. num. 67. & 68.

2. Florulas Delawarica and Columbica. — Inséré en 1805 dans le *Physical journal* de Philadelphie.

3. Prospetto della *Panphysis Sicula*, Palermo 1807, con 1 tavola. — J'y proposais de publier sous ce titre l'entier *Panphyton Siculum* de Cupani avec près de 700 planches, les additions de Chiarelli & les miennes.

4. Essay on some new Genera and Species of North-American plants — Inséré en 1808 dans le *Medical Repository* de Newyork., j'y ai caractèrisé 10 N. G. et 60 N. Esp. des Etats Unis; les N. G. sont ***Burshia***, *Phyllepidum*, *Shultzia*, *Odonectis*, *Diphryllum*, *Isotria*, *Carpanthus*, *Volvycium*, *Ælycia*, *Druparia*.

5. An account of the new properties of 10 american plants. — Inséré en 1808 dans le *Medical repository* de Newyork & ensuite dans plusieurs autres journaux litteraires, l'archive des découvertes &c.

6. Researches on the European plants naturalized in the United States of America. — Envoyé en 1809 au Repository de Newyork.

7. Choix de cent vingt planches du *Panphyton Siculum* de Cupani avec son portrait. — Ces planches furent gravées entre 1807 & 1812; le texte n'est pas encore imprimé.

8. Choix de 49 planches de nouvelles plantes américaines. — Gravées entre 1808 & 1811: le texte n'est pas encore imprimé; plus de 60 N. G. & N. Esp. y sont figurés.

9. Caratteri di alcuni nuovi generi e nuove specie di Animali e Piante della Sicilia, con varie osservazioni sopra i medesimi. Palermo 1810, un tomo con 29 tavole. — J'ai fixé et décrit dans cet ouvrage 1 N. Esp. de Cétacé, 23 N. Esp. d'Oiseaux & Reptiles, 51 N. G. &

PRINCIPES FONDAMENTAUX

DE

SOMIOLOGIE

OU

LES LOIX DE LA NOMENCLATURE ET DE LA CLASSIFICATION DE L'EMPIRE ORGANIQUE

OU DES ANIMAUX ET DES VÉGÉTAUX

contenant les Règles essentielles de l'Art de leur imposer des noms immuables et de les classer méthodiquement

PAR C. S. RAFINESQUE-SCHMALTZ.

PALERME

De l'Imprimerie de Franc. Abate, aux dépens de l'Auteur.

1814.

Du choc des opinions, jaillit la vérité.

À LA MÉMOIRE

DU GRAND LINNÉUS

FONDATEUR DE L' ÉTUDE MÉTHODIQUE

DES CORPS ORGANISÉS

ET À CELLE

DE L' ILLUSTRE BUFFON

LEUR INCOMPARABLE PEINTRE

JE DÉDIE

CE CODE FONDAMENTAL

DE SOMIOLOGIE.

ABBRÉVIATIONS

L. ou Lin. . . . pour LINNÉUS

J. . . . . JUSSIEU

W. . . . . WILDENOW

P. . . . . PERSOON

T. . . . . TOURNEFORT

A. . . . . ADANSON

N. . . . . NECKER

G. . . . . GEOFFROY

C. . . . . CUVIER

D. . . . . DUMÉRIL

F. . . . . FABRICIUS

Lam. . . . . LAMARK

Lac. . . . . LACÉPÈDE

Lat. . . . . LATREILLE

R. . . . . RAFINESQUE

INTRODUCTION.

1. Quiconque s'occupe des Sciences naturelles, & particulièrement de celle, qui a pour objet la connaissance des Corps Organisés, quiconque surtout se propose de l'étudier avec fruit ou a pour but d'instruire sur cette Science des auditeurs ou des lecteurs, doit avant tout adopter ou se former certaines règles de conduite et de méthode, par le moyen desquelles il puisse exécuter son dessein avec clarté & précision: car de même qu'une Société politique & policée, ne peut subsister, ni prospérer sans loix formelles, ni une langue parfaite & cultivée, exister & se polir sans règles grammaticales, tout ainsi une science exacte & méthodique comme celle dont j'entreprends de traiter ne peut se former, se perfectionner, ni s'étudier sans principes fixes fondamentaux: la perfection & universalité de ces principes seront la juste mesure de leur valeur, tout de même que des loix d'une Société & des règles d'une grammaire.

2. L'Etude des Corps Organisés se compose de la connaissance d'une multitude d'objets, auxquels il convient avant tout d'imposer des Noms pour les distinguer et qu'in importe de classer pour les reconnaitre, sans quoi ils resteraient aussi confondus & méconnaissables que les Individus d'un Peuple sauvage qui n'auraient aucuns Noms & n'admettraient entr'eux aucunes distinctions de rangs, conditions ni professions. Et leur étude deviendrait aussi inintelligible que celle d'une langue barbare denuée de règles ortographiques, numériques & génériques, & ne consistant qu'en des sons & des mots vagues ou inarticulés. Ces deux buts qui sont ceux de la Nomenclature & de la Classification sont donc les premières bases de la Science, & c'est à les régir par des règles fixes & invariables qu'il convient de s'appliquer si l'on désire lui poser des fondemens solides & immuables;

les règles en seront donc les Principes fondamentaux ou si l'on veut les Loix naturelles.

3. C'est donc bien gratuitement que l'on repete dans des Ouvrages, d'ailleurs estimables, que la Nomenclature & la Classification sont l une & l'autre des vaines & futiles occupations; mais sans elles comment se reconnaitre dans l'immensité d'objets qu'elles nomment & classent? La Nomenclature est aussi nécessaire & indispensable á l'étude des Corps Organisés que les mots le sont à une Langue; car comme chaque mot d'une Langue exprime une idée, de meme chaque Nom en Nomenclature designe invariablement un objet, l isole de tous les autres, fait faire en quelques sorte connaissance avec lui, & rappelle à la memoire, ses formes & ses qualités, si vous les connaissies déjà, ou vous aide à en acquérir la connaissance si vous les ignoriés. Tandis que la Classification offre l'utilité d'un Dictionnaire, sert à trouver le nom d'un objet connu ou inconnu, & par suite vous améne á la pleine connaissance de tous ses attributs & propriétés. Au reste le Dictionnaire d'une Langue ne produit son effet que par la combinaison des lettres & suppose toujours la connaissance du Mot, tandis que la Classification n'emploie que la décomposition et analyse des Caractères de formes & attributs discernibles, par le moyen desquels on parvient à la connaissance du Nom inconnu de l'objet en vue: et à celle de ses rapports prochains ou éloignés, naturels ou factices. Elles sont donc l'une & l'autre des vraies sciences, & pour le moins tout aussi nécessaires á l'Histoire naturelle des Corps organisés, que la Grammaire l'est à la Philologie, & la Cronologie à l'Histoire.

4. Deux grandes coupes auxquelles j'impose le nom d'EMPIRES, se partagent l'ensemble des Corps que renferme nôtre globe; l'un est l'Empire Minéral ou Inorganique, qui se compose des substances élémentaires ou brutes, simples ou diversement combinées & mélangées; mais toujours dénuées d'organes, d'individualité & de vie, ou n'ayant jamais qu'une existence passive quoique stable: cet empire composait le Régne Minéral

des Naturalistes; mais je me propose de le diviser en deux Règnes, l'Elémentaire ou Sochologique & le Fossile ou Oryctologique, le premier renfermera les Elemens & Corps élementaires simples ou composés ; mais alors toujours gaseux ou fluides; & le second les Fossiles & Minéraux tels que les Cristaux, Métaux, Pierres & leur diverses Combinaisons, qui sont toujours des Corps composés & solides; mais combinés chimiquement ou mécaniquement. Ce n'est point de ces Corps bruts dont je prétends m'occuper dans cet moment; mais mon dessein se borne à illustrer les Corps doués de la Vie, ce précieux souffle de la Divinité & à poser les Loix fondamentales qui doivent régir les principes de la Science qui en fait son objet.

5. Ces Corps composent l'Empire Organique ou Vivant, ils sont toujours composés, doués de la vie et d'une existence individuelle & pourvus d'Organes compliqués; ils naissent d'individus semblables à eux, croissent, se reproduisent & meurent, sans jamais changer de nature: c'est à eux seuls qu'appartiennent proprement les Groupes nommés Espéces, qui ne sont que la collection des Individus semblables se reproduisant selon le même type & par conséquent les groupes factices nommes Genres, Familles, Ordres & Classes, qui ne sont que des Aggregations idéales les unes des autres; car les Corps inorganiques n'offrent au lieu que des Assimilations, Mélanges, Combinaisons, Accidens & Sortes.

6. L'Empire Organique contient aussi deux Règnes reconnus par tous les Naturalistes, le Règne Végétal & le Règne Animal; mais ils sont réunis par tous leurs attributs essentiels & différent à peine par quelques légéres nuances, souvent bien difficiles à saisir: en effet les Animaux & les Plantes se ressemblent par toutes leurs propriétés essentielles & s'unissent par cent chainons bien sensibles & connus à tous les observateurs, tellement qu'il est presque impossible d'assigner à ces deux grandes branches d'êtres, des caractéres assés tranchés pour empêcher qu'on ne les confonde. Une pareille identité prouve la nécessité de réunir ces Corps en un seul im-

mense Groupe ou Empire & de faire régir la science qui en traite par des Loix uniformes, par ce moyen la Zoologie ou la Science des Animaux acquerera une Nomenclature pareille à la Botanique ou la Science des Plantes, & la Botanique une Classification semblable à la Zoologie, & cette combinaison reciproque en reunissant ces Sciences, en augmentera la stabilite & la clarté, en rendra les principes plus invariables et en eloignera à jamais l'arbitraire & les Systêmes.

7. La Science qui a pour objet cet Empire Organique, considere sous tous les points de vue, n'avait point encore reçu de Nom; je propose de la designer par celui de SOMIOLOGIE, qui signifie la Science des Corps vivans & lui appartient a bien juste titre: son adjectif sera *Somiologique* & celui qui etudiera cette Science se nommera un *Somiologiste*.

8. Ayant entrepris d'ecrire sur cette Science, je devais donc me former des principes fixes pour me servir de règle stable & constante & pour pouvoir travailler avec clarté & méthode, d'autant que mes prédécesseurs dans cette carrière n'avaient point encore rempli ce devoir. Peu d'Auteurs se sont occupés de rechercher & fixer ces principes, quoique plusieurs en ayent dans leurs nombreux écrits etablis un certain nombre; mais aucun n'en a jamais fait d'application generale à toutes les divisions des Corps Organisés. Le Grand Linneus fut le premier qui établit le majeure partie de ceux de la Nomenclature des Plantes; mais tout en démontrant par son systême sexuel une de leurs principales affinités avec les Animaux, il n'en fit point l'application á ces derniers. A l'égard de ceux de la Classification, il n'en eut pas d'idée juste, surtout pour les Plantes; ce qu'on doit attribuer à son esprit systèmatique & à sa prèdilection pour son systême sexuel. Adanson, Jussieu & leurs disciples les ont mieux connus & les Zoologistes français Cuvier, Geoffroy, Latreille, Duméril &c. ont beaucoup perfectionnés ceux de la Classification Animale que Linneus n'avait qu'ébauchés; mais par contre ils ont souvent négligés les excellens preceptes de sa Nomenclature. Ainsi

c'est en réunissant ces derniers à ceux de la Classification de l'Ecole française, en les perfectionnant & en les complétant l'un par l'autre que j'espére pouvoir former un Code fondamental à cette belle science.

9. Honneur à vous génies créateurs dont les écrits m'ont suggéré & les preceptes ont créé l'esprit de ces Loix, car si quelqu'unes me sont propres c'est toujours à votre source que j'en ai puisé les premieres idees. Gloire donc à vous fondateurs de la plus aimable des Sciences, Tournefort, Linnéus, Adanson, Jussieu, Lamark, Necker, Cuvier, Duméril, Latreille, & tant d'autres dont les leçons ont dictés mes Loix, & à vous aussi illustres Buffon, Lacépède, Sonnini, Virey &c., incomparables peintres de la Nature, que j'honore malgré vos écarts & vôtre négligence; vos Génies indomptés n'ont pu se soumettre á des règles rigoureuses, tandis que vos écrits nous en font à chaque pas concevoir la nécessité.

10. Ce n'est point le vain désir de m'ériger en législateur qui m'engage à établir des loix; mais celui de contribuer aux progrés d'une Science qui fait mes délices: j'ai longtems hésité à les produire & demeuré bien des années à les murir; mais voyant que les plus celébres Somiologistes se contredisent faute de s'entendre, j'ai enfin voulu m'éfforcer de les concilier en réunissant leurs opinions en un corps de doctrine, et en désignant des principes fixes auxquels on puisse les assujétir. J'ai rejetté les seules régles évidemment erronées; mais j'ai retenu toutes celles à l'épreuve de la convinction: car les Loix scientifiques doivent être pleinement convainquantes pour être généralement adoptées. Mais lorsqu'il y en a de telles on ne peut plus se refuser á leur adoption sans vouloir que tout devienne derechef confusion, anarchie ou Systêmes arbitraires. Puissent mes efforts n'être point vains, puissent ils inspirer la persuasion, & prouver la nécessité de l'adoption de mes Loix à tous ceux qui veulent observer, étudier ou décrire et faire connaitre complétement & avec fruit les objets naturels; mais ceux qui ne veulent que les peindre à l'imitation

de l'illustre Buffon & de ses disciples, n'auront besoin de les suivre qu'autant qu' ils voudront nous désigner & faire reconnaitre les sujets de leurs tableaux, ou les situer dam la gallerie de la Nature ; s' ils n' ont point cette intention, je leur permets de se passer de mes preceptes lonqu' ils seront doués du génie de leur Maitre !

11. Peu d' exemples me suffiront pour prouver la nécessité de chaque régle ; je remets á deux Ouvrages auxquels celui ci servira de precurseur, & que je nommerai Critique des Genres & Ordre des Genres l' entier développement de mes principes, & á mes Flores & Zoologies leur application.

12. Cet écrit n'est à l'imitation de ceux de Linnéus destiné qu' aux Savans instruits & à ceux qui désirent de le devenir, ou ont le noble désir de s' instruire méthodiquement & profondement, Linnéus reforma la Botanique & la Zoologie du fond de la Suede, & dans le voisinage du pole, j' entreprends un semblable travail des rives australes de la Méditerranée, dans la Sicile, & près de l' Afrique barbare, dans un lieu enfin où presque personne n' appréciera mes travaux ; mais l' Europe éclairée en connaitra l' importance & le tems couronnera mes efforts, cette intime persuasion me soutient & m' anime : les partisans des opinions antiques lutteront pourtant contre moi, comme ils lutterent contre Linneus & tous les reformateurs des Sciences ; mais l' évidence triomphera toujours d' eux.

13. Linneus écrivit en latin alors la langue des savans, j' écrirai maintenant en Français qui l' est presque devenue & a de plus l' avantage d' être une langue vivante, généralement repandue, éminement expressive, & douée d' une clarté & précision admirable. Les Noms que j' emploirai pour les Genres & Especes, seront pourtant tous Latins ; car on est convenu en Somiologie de désigner les objets par des mots de cette langue, afin que ces noms soient universels & communs à toutes les nations, au lieu d' être differens pour chaque peuple ou ce qui est encore pis pour chaque province, comme c' est le cas pour les noms vulgaires & triviaux. L' avantage

évident que ce moyen leur assure d' être connus de tous le monde, communs à toutes les langues & constamment invariables, compense suffisamment l' apparente inconséquence de leur emploi dans les ouvrages en langues vulgaires.

14. Je diviserai mon sujet en trois parties, dans la premiere qui comprendra les principes généraux de la Nomenclature & de la Classification, j' établirai les régles de la formation des groupes admis en Somiologie, & j' en donnerai uue concise définition, ainsi que de leurs caractéres: La Seconde Partie définira les Principes particuliers de leur Nomenclature, & la Troisieme ceux de leur Classification ou Distribution méthodique & naturelle.

PRINCIPES GÉNÉRAUX.

15. Il y a parmi les Corps organisés & vivans, qui composent l'Empire Organique, sept principales Dénominations naturelles, réelles ou factices, simples ou groupées savoir.

L'Individu
L'Espéce
Le Genre
La Famille
L'Ordre
La Classe &
Le Régne.

Outre le Groupe génèral & unique qui est l'Empire lui même & embrasse l'ensemble de ces Corps: toutes les autres Dénominations n'en sont dans le fait que des parties ou modifications.

16. On les nomme aussi Dénominations primaires pour les distinguer des Secondaires & Ternaires qui sont au nombre de six.

Secondaires.	*Ternaires.*
Le Sous Régne	Le Sur Régne
La Sous Classe	La Sur Classe
Le Sous Ordre	Le Sur Ordre
La Sous Famille	La Sur Famille
Le Sous Genre &	Le Sur Genre &
La Sous Espéce.	La Sur Espéce.

17. Il y a en outre les Dénominations Quaternaires, Quinaires, Sextenaires, & Septenaires, dont l'emploi est bien moins fréquent, elles se nommeront.

Les Quaternaires, Divisions de Classe, d'Ordre, de Famille & de Genre, & pour les Espéces, Race.

Les Quinaires, Sous-Divisions de Classe, d' Ordre, de Famille & de Genre, & pour les Espéces Sous-Race.

Les Sextenaires, Sections de Classe, d' Ordre, de Famille, & de Genre, & pour les Espéces, Variété.

Les Septenaires, Sous-Sections de Classe, d' Ordre, de Famille & de Genre, & pour les espéces Sous-Variété.

18. L' Individu est la seule dénomination réelle & simple, n' admettant aucune division, quoique collectiment elle serve à former le type de toutes les autres Dénominations on Groupes; sa plénalité entierement semblable se nomme les Individus d' une Espéce, chacun d' eux est un objet matériel existant réellement par lui même: La Nature n' a peut être créé que des Invividus ou tout au plus des Espéces, toutes les autres Dénominations ne sont que des notions idéales inventées par nôtre imagination, pour nous faciliter la connaissance des objets; mais elles n' en sont pas moins importantes & nécessaires, car sans elles nous n' aurions jamais eu que des idées confuses & peu certaines des Individus & des Espéces.

19. Toutes ces Dénominations ou Groupes d' Individus tant primaires, que secondaires &c., ne sont donc que des modifications ou combinaisons factices & idéales les unes des autres, formées à dessein pour nous faciliter leur connaissance & celle des Individus; ce qu' on effectue en réunissant un nombre plus ou moins grand d' entr' eux, ayant entr' eux plus ou moins de ressemblance. On les distingue les uns des autres par leurs dissemblances caractéristiques que l' on nomme Caractéres propres & relatifs.

20. Ces Caractéres sont l' expression positive ou exclusive des formes & des attributs propres à chaque Groupe & qdi les font différer des autres: ils sont *exclusifs* lorsqu' ils expriment des attribute particuliers à eux seuls, *positifs* ou *negatifs* selon qu' ils etablissent des dissemblances existantes ou non existantes dans les formes & attributs des Objets: *relatifs* ou *comparatifs* lonqu' ils statuent par comparaison, *casuels*, quand ils n' existent qu' occasionellement, & *exceptifs* lorsqu' ils relévent les écarts de la nature dans les exceptions & anomalies qu' elle admet.

21. Les Caractéres se divisent en essentiels & complets & chacun d'eux en Primaire & Secondaire. Le Caractére essentiel est la definition concise des formes & attributs, le complet en est l'exposition complete et equivaut à la Description absolue. Le Caractére primaire se compose de la definition des principaux de ces attributs & le secondaire de ceux de moindre valeur, importance ou constance. Enfin ils sont nommés Classiques, Ordinaux, Familliques, Génériques ou Spécifiques, selon qu'ils designent les Classes, les Ordres, les Familles, les Genres ou les Espéces & les distinguent entr'eux; mais cela n'importe point qu'ils doivent être pareils dans chacun de ces groupes, au contraire ils peuvent être divers dans chacun d'eux & reposer sur des considérations entiérement disparates, selon la respective valeur & difference des organes des corps qu'ils renferment.

22. Les Especes sont les premiers Groupes & les plus importans; elles sont constituées par la réunion de tous les individus semblables entr'eux dans tous les points essentiels, & differens par plusieurs caractéres spécifiques & constans des autres individus congéneres; leur essence consiste en outre particuliérement à se reproduite constamment selon le même type originel, d'où l'on peut déduire qu'elles forment les seuls vrais groupes naturels, ou avoués par la nature; aussi sont ils ceux que le Somiologiste à particuliérement en vue dans ses études, & qu'il cherche à connaitre & fixer invariablement.

23. Les Dénominatiom subordonnées à l'espéce sont nombreuses & la plupart lui sont particulieres: Je les distingue en relatives & spéciales, chacunes desquelles sont au nombre de cinq;

Relatives.	*Speciales.*
La Sous Espéce	L'Age
La Race	La Sexualité
La Sous Race	L'Hybridité
La Variété &	La Difformité &
La Sous Variété	La Monstruosité.

24. La Sous-Espéce comprend les Individus d'une Espèce, qui different par un seul caractère primaire des autres Induvidus de la même Espèce, & dont la différence se perpétue par la generation.

La Race, ceux qui ne sont réunis entr'eux que par plusieurs caractéres secondaires ou légers, mais toujours constans & se reproduisant.

La Sous-Race, en diffère en ce qu' elle n'a qu'un seul de ces caractères.

La Variété, differe de la Race par la courte durée de ses caractères, qui ne se perpétuent point.

Et la Sous-Varieté diffère de la Sous-Race par la même particularité.

25. L' Age ou les différences qu' il produit, se distinguent en diverses Epoques qui sont La Naissance, L' Enfance, L' Adolescence, La Jeunesse, L' Age Mur ou Virilité, La Vieillesse et La Décrépitude de l' Individu.

La Diversité Sexuelle est produite par la diverse conformation de l' Individu male, femelle, hermaphrodite ou Neutre.

L' Hybridité consiste dans les différences produites par le mélange ou fécondation réciproque des Espèces des Sous-espèces, des Races &c., quand elle se propage elle produit une Espèce hybride.

La Difformité, consiste des Individus ayant un défaut ou difformité naturelle ou Malative.

Et la Monstruorité de ceux qui ont des Organes superflus, manquans, ou soudés.

26. Toutes ces Dénominations ou plusieurs d' entr' elles, ne se peuvent définir que dans quelques Espèces très connues & extrêmemect répandues sur le Globe; la plupart des autres n'en offrent que très peu & l' habitude a fait prévaloir la coutume de les désignes presque toutes par le nom de Variété, quoique, souvent à tort; la difficulté de reconnaitre avec certitudo la valeur & constance de leurs Caractères y a aussi beaucop contribuir, & il vaut presque mieux suivre cette légère erreur, que d' en occasionner des plus graves en prétendant établir ces Dénominations, sans la pleine Connaisance de

l' importance de leurs respectifs caractères & différences.

27. Les Noms spécifiques doivent être doubles, & formés par un terme adjectif ajouté au nom générique & substantif; chacunes des dénominations secondaires de l'Espèce devront aussi avoir un terme adjectif approprié.

Exemples de toutes ces dénominations & de la maniere de les désigner & nommer.

Espèce - *Homo sapiens* (Homme raisonable)

Sous - espèce - *H. sapiens*, S. E. Japhetien -

Race. - H. *sapiens*, S. E. Japhetien, R. Européen

Sous - Race - *H. Sapiens*. S. E. Japhetien R. Européen, S. R. Sicilien.

Varieté - *H. Sapiens* même Sous - Espéce, Race & Sous - Race; Var. Roux.

Sous - Variété. - *H. sapiens*, idem, idem, idem Var. Roux. S. Var. Nain.

Age - *H. sapiens* - A. homme Viril.

Sexe - *H. sapiens* S. Male.

Hybridité - *H. Sapiens* - H. Mulâtre.

Difformité. - *H. sapiens*. D. bossu.

Monstruosité. - *H. sapiens*. M. Dicéphale ou à deux têtes.

28. Le Genre est le Type primitif des Corps & après l'espèce le groupe le plus essentiel: il renferme quelquefois une seule; mais le plus souvent plusieurs espèces collectivement semblables par certains caractères importans & constans, que l'on nomme génériques & les espéces qui les possedent sont nommées Espèces congénères.

29. Les Genres se désignent par un nom substantif, singulier & simple, auxquels on ajoute un autre nom singulier; mais adjectif, pour désigner les espèces qui s'y rapportent. Ces deux noms suffisent pour désigner un Corps Organisé quelconque, tout comme les noms & surnoms des hommes policés suffisent pour les désigner; lorqu'il sera pourtant nécessaire de citer leur place dans la méthode on désignera les Familles, les Ordres & les Classes auxquels ils appartiendront, tout comme dans une Société lorsqu'on veut faire connaitre exactement un Individu, on cite son rang, sa condition, sa profession

& sa demeure. Les Sous-Genres & leurs dénominations 3res, 4res, 5res & 6res, pourront s'exprimer par un nom substantif ou adjectif, singulier ou pluriel; mais le substantif singulier sera toujours le plus convenable.

3o. La Famille est le troisième groupe, elle comprend tous les Genres (très rarement un seul) qui ont certains caractères communs nommés familliques. L'Ordre renfermera de même les familles (rarement une seule) qui auront collectivement un ou plusieurs caractères propres nommés ordinaux. Et les Classes, les Ordres (jamais un seul) qui auront en commun certains caractères particuliers de la majeure importance & generalité nommés classiques. Enfin un ou plusieurs de ces caractères serviront à distinguer les Classes entr'elles parmi les Sous-Règnes auxquelles elles appartiendront. Les Noms de tous ces Groupes & des secondaires, tertiaires &c. qui leur seront subordonnés devront être toujours substantifs & singuliers.

LES PRINCIPES OU LOIX DE LA NOMENCLATURE.

31. Les Règles que ces Principes établissent nous apprennent à donner des Noms convenables aux Corps Organisés, c'est à dire aux Animaux & aux Végetaux, & à juger du mérite de ceux dejà imposes, Puisque l'on est convenu de les grouper sous diverses dénominations que l'on désigne par les termes d'Espèces, Genres, Familles, Ordres & Classes, la Nomenclature doit désigner chacun d'eux par des Noms appropriés; mais comme les Animaux & les Plantes sont ordinairement connus & distingués par leurs denominations génériques, les noms des genres sont devenus les plus essentiels à établir & connaitre: leur importance en a produit la multiplicité & leur multiplicité les a rendus sujets à de nombreux défauts, ce qui nécessite une sévére critique. Il est plus que jamais devenu nécessaire d'établir & fixer invariablement les Règles de leur Nomenclature afin de remédier à la confusion & aux erreurs qu'a produit leur multiplicité & l'ignorance de ces principes par plusieurs de leurs auteurs depuis la mort de Linnéus, et d'éviter ces erreurs dans l'établissement des nouveaux Genres. Cet objet sera donc celui que j'aurai particulierement en vue: & les Règles que j'établirai s'appliqueront en premier lieu aux Genres, mais j'aurai soin d'indiquer ensuite celles qui s'appliquent pareillement aux autres Groupes, & celles qui leur sont particulieres.

32. Linnéus fut le premier qui osa fixer des Règles rigoureuses à la Nomenclature Botanique dans ses *Fundamenta Botanica*, *Philosophia Botanica & Critica Botanica;* mais il négligea entierement d'appliquer ses propres principes à la Zoologie, & personne après lui n'y a songé quoiqu'on en soit tacitement convenu; tous les Botanistes n'ont même suivi que partiellement ses règles botaniques. Ce n'est cependant qu'en les adoptant entierement & universellement tant en Botanique qu'en

Zoologie, que l'on peut espérer de fixer enfin des Noms invariables à tous les Genres. J'ai adopté presque toutes les Règles Linneénes au nombre de près de 30 ; mais je les ai quelquefois modifiées lorsqu'elles étaient evidemment erronées ou exprimées différemment pour les rendre applicables aux deux Règnes, & j'ai ajouté plus de 20 nouvelles Règles aux siennes : ce sont toutes ces Règles qui formeront le Code ou les Loix de la Nomenclature.

RÈGLES GÉNÉRIQUES

33. : 1. Règle. Toutes les Espèces de Corps Organisés qui se ressemblent & s'unissent par certains caractères essentiels que l'on nomme caractères génériques, doivent former autant de groupes nommés Genres, qu'il existera de ces caractères différentiels collectifs, pour ètre leur type, & leur ensemble en formera la définition. Voyés Lin. 210.

Obs. Ainsi il est absurde d'indiquer ou établir un Genre, sans lui assigner des caractères particuliers, puisque ces caractères en sont les bases génériques & que sans différences caractèristiques il ne pourrait exister réellement; on doit en conséquence les exprimer par une définition, toutes les fois que l'on indique un Genre nouveau, sans quoi autant vaudrait ne pas tantaliser la curiosité en mentionant son vain nom, d'ailleurs en soupçonnera toujours que celui qui à dessein ou par paresse cache les caractères d'un prétendu nouveau Genre, puisse s'être trompé sur sa prétende nouveauté & totale différence de tous les autres Genres.

34. : 2. Regle. Chaque Genre doit avoir son Nom propre, & quiconque établit un Genre doit lui donner un Nom. Voyés Lin. 218.

Obs. Il est aussi absurde d'établir des Genres sans leur donner des Noms, que d'en désigner par des Noms sans leur assigner des caractères distinctifs, car si par ce dernier moyen on leur dénie une existence certaine, par le premier on les prive d'une désignation indispensable.

Cependant cette erreur a été commise par plusieurs Somiologistes, soit en omettant de nommer les Genres dont ils démontraient l'éxistence, soit en refusant absolument un Nom à ceux qu'ils établissent & caractèrisent, soit enfin en ne les désignant que par le terme inconséquent d'Anonyme comme Walter pas exemple pour plusieurs des nouveaux Genres de sa *Flora Caroliniana*.

35. : 3. Règle. C'est aux seuls Somiologistes ou aux personnes instruites dans la Science somiologique; qu'il appartient de former des Genres & de les nommer.

Obs. La plupart des Genres mal formés, mal caractèrisés ou mal nommés, sont dû à l'incapacite de leurs auteurs, & à la liberté que se prennent certaines personnes peu instruites, d'établir des Genres et de les nommer, quoiqu'elles ignorent les principes & les règles de leur Nomenclature.

36. : 4. Règle. Toutes les espèces d'Animaux & Végétaux qui possedent les mêmes Caractères génériques, doivent appartenir au même Genre & porter le même Nom, Voyés Lin. 213. 215. 216.

Obs. Ainsi on ne doit point composer plusieurs Genres avec des Espèces n'offrant que des légères differences (ou des differences spécifiques) pourvu qu'elles ne soient point génériquement caractèristiques dans la famille auxquelles elles appartiennent.

37. : 5. Règle. Toutes les espèces d'Animaux & Végetaux qui possédent des différences génériques ou des caractères génériques divers, doivent former autant de Genres & porter des Noms differens. Lin. 214.

Obs. De cette Règle Linnéene dérive par consèquence, que tous les Genres qui contiennent des espèces munies de caractères génériques differens, ou dont les caractères de certaines espèces, ne s'accordent point avec ceux de leurs Genres, doivent être divisés & que l'on en doit former autant de Genres qu'il y a de differences génériques. Mais Linnéus lui même a souvent violé cette Loi & plusieurs de ces disciples nous la voudraient faire oublier au grand détriment de la Science; j'en ferai donc le sujet de ma suivante règle.

38. : 6. Règle. Lorsque quelques Espèces d'un Genre différent essentiellement de son Caractère générique, l'on doit les en séparer & en former un Genre particulier avec un Nom différent, ou plusieurs Genres avec des noms différens si elles offrent plusieurs differences generiques.

Obs. Cette Règle s'applique à une infinité de Genres, qui contiennent encore plurieurs espèces hétérogènes, tels que les *Salvia*, *Convolvulus*, *Aristolochia*, *Polygala*, *Justicia*, *Valeriana*, *Orobanche &c.* parmi les Plantes & les *Antilope*, *Falco*, *Cuculus*, *Testudo*, *Squalus*, *Medusa*, *Actinia &c.* parmi les Animaux, lesquels doivent être divisés & reformés de la même maniere que l'ont déjà été les Genres *Geranium*, *Lichen*, *Bryum*, *Verbena*, *Mimosa &c.* parmi les Vegétaux & les *Simia*, *Vespertilio*, *Ursus*, *Tetrao*, *Lacerta*, *Perca*, *Chetodon*, *Scarabeus*, *Cancer*, *Madrepora &c.* parmi les Animaux. Lamark a proposé une modification à cette règle: il propose de ne diviser que les Genres nombreux en Espèces & de conserver entiers ceux qui sont peu nombreux, nonobstant que leurs espèces soient disparates; mais je ne puis adopter cette exception, je la considere seulement comme un utile moyen auxiliaire de critique, qui ne doit cependant jamais être admis comme un motif suffisant & général d'exclusion. Ce n'est qu'à l'époque où tous les Genres seront parfaitement bien caractérisés & n'offriront plus les inconséquentes anomalies qui rendent difficile leur étude & choquent encore tous les Somiologistes éclairés, que l'on peut espérer de voir établir une uniformité bien desirable dans tous les Genres & voir cesser les changemens que l'on est si souvent obligés d'y faire. J'ai préparé dans ma Critique des Genres un grand travail sur cette matiere intéressante, & j'espère y parvenir à introduire une certaine clarté, au moins, tout autant que le permettent les observations faites jusqu'aujourd'hui.

39. : 7. Règle. Si un Genre a été établi sur des caractères fautifs, mal observés ou nullement génériques, il faut l'annuller & en réunir les Espèces au Genre ancien auquel elles se rapporteront par leurs vrais caractères.

Obs. C'est ainsi que le Genre *Asio* de Brisson fut réuni au Genre *Strix* L. Le *Cuniculus* Do, au Genre *Lepus* L. L'*Aparine* T. au *Galium* L. & c'est par les mêmes raisons que le Genre *Apogon* de Lac. doit être reuni au *Mullus* L. L'*Hecatonia* de Loureiro à l'*Adonis* L. L'*Antura* Forskael au *Carissa* L. &c.

40. : 8. Règle. Dès qu' un Nom parfaitement convenable & nullement contraire à aucune des règles de la Nomenclature a été donné à un Genre, on ne doit plus le changer ni l' alterer sous aucun pretexte. Lin. 219.

Obs. C'est en négligeant cette excellente règle Linnéene que plusieurs auteurs ont de nouveau introduit une affreuse confusion en Nomenclature: Je ne puis trop insister sur la nécessité de la suivre, car ce n'est que par son absolue adoption que pourra enfin être un jour détruite cette confusion & anéanti le besoin d' une ingrate synonymie. Pourquoi Schreber, Wildenow &c. ont ils donc changés tant de bons noms d'Aublet; & Fabricius &c. plusieurs de ceux de Latreille, Geoffroy &c.? on ne peux les excuser qu'en supposant qu'ils croyaient mauvais & contraires aux règles de la Nomenclature ceux qu'ils changerent ainsi, ce ne sera donc qu'en étudiant attentivement ces règles qu'on parviendra à s'assurer de la légitimité des pareils changemens, ou de leur inutilité et inconvénient.

41. : 9. Règle. Quand un bon Nom a été donné à un Genre, on ne dois plus le changer pour un meilleur, ni pour un autre plus convenable ou plus significatif. Voyés L. 243.

Obs. Cette règle se déduit de la précédente & en est le complément, elle prouve encore davantage l'erreur que commettent ceux qui changent des Noms génériques sous la frivole excuse de leur en donner des meilleurs.

42. : 10. Règle. On ne dois pas transferer un Nom générique d'un genre à un autre, nonobstant que ce changement puisse paraitre convenable & que le Nom puisse mieux s'appliquer au second genre. Voyés L. 245.

Obs. Ceci est encore une suite des deux Règles précédentes, elle sert à empècher la confusion des Noms, ce qui est plus important qu' une perfection outrée.

43.: 11. Règle. Si un nom pareil a été donné à deux ou plusieurs Genres, ce nom doit être laissé au Genre qui fut établi le premier, pourvu qu' il soit convenable et l'on donnera d' autres noms au reste des Genres. Voyés L. 217.

Obs. Il faudra appliquer cette régle aux nombreux Genres divers à qui des noms pareils comme *Aubletia*, *Persoonia*, *Heritiera*, *Orontium*, *Bursaria*, *Vandellia*, *Cavanilla*, *Wildenovia* &c. furent donnés par plusieurs Somiologistes: cet inconvénient est survenu à cause que leurs auteurs travaillaient en des lieux éloignés, et à l' insçu les uns des autres; pour l' éviter il convient de se metre à jour & au courant des découvertes, lorsqu' on veut en publier soi même.

44.: 12. Règle. Si un Genre a reçu plusieurs noms par différens auteurs, il faut adopter celui qui fut énoncé le premier, pourvu qu' il soit bon, & annuller les autres.

Obs. Depuis Linnéus tant d' auteurs ont établi des nouveaux Genres, qu' ils n' ont pas toujours pu éviter l' inconvénient en question; mais aussitôt que le premier auteur est connu, il faut adopter sa dénomination. Ainsi le genre de l' arbre à pain fut nommé presqu' en même temps *Artocarpus* par Forster, *Sitodium* par Solander & *Rademachera* par Thunberg; mais le nom de Forster étant l' antérieur & le meilleur, a dû être préferé.

45.: 13. Règle. Quand deux noms ont été imposés à un Genre, le premier desquels est impropre ou contraire aux régles de la nomenclature, le dernier doit être préféré, ou si tout deux sont dans le même cas, on doit en établir un nouveau & plus convenable.

Obs. Ainsi on a changé raisonablement les noms de *Paypayrola* Aublet & *Pyrularia* Michaux, en *Lignona* Scopoli (*Wibelia P.*) & *Hamiltonia* W.

46.: 14. Règle. Si deux noms convenables sont imposés à un Genre, à peu près dans le même tems ou dans la même année, on doit préferer & conserver le plus expressif ou sonore.

Obs. Ainsi nonobstant que le Genre *Santia* de Savi fut publié quelques mois avant que Desfontaines publia le même genre sous le nom de *Polypogon*, ce dernier nom étant plus expressif mérita la préference.

47. : 15. Règle. Il est à propos que les noms génériques ayent s'il est possible une signification ou dérivation : mais celà n'est pas absolument nécessaire comme Linnéus avait prétendu. Voyés L. 220.

Obs. Il ne faudra jamais changer un nom générique pour un si léger motif, il sera seulement convenable de l'avoir en vue à l'avenir en nommant des nouveaux Genres ; Linnéus même qui croyait cette règle très essentielle ne l'a pas toujours suivie. ayant conservé les Genres *Bryonia*, *Acalypha*, *Anabasis &c.*

48. : 16. Règle. Les noms génériques dont la signification, contraste ou différe des caractères que la plupart ou toutes ses espèces offrent à l'observation, ne sont nullement convenables. Voyés L. 232. ?

Obs. *Cyanella* L. *Gratiola*. L. &c. sont par conséquent des noms impropres, et il faut bien se garder de les imiter.

49. : 17. Règle. On doit éviter d'établir des noms génériques synonymes en signification ; mais ceux déjà établis avec ce defaut, peuvent être conservés.

Obs. On conservera donc *Stellaria* L. & *Asterias* L. &c. mais on évitera ces synonymes à l'avenir.

50. : 18. Règle. Si un nouvean Genre qu'on doit établir ou diviser a un ancien synonyme convenable, on peut l'adopter pour nom générique au lieu de crèer un nouveau nom.

51. : 19. Règle. Si un Genre doit être divisé en plusieurs, il faut laisser l'ancien nom générique à celui qui contiendra la majorité des espèces ou celles mieux connues.

52. : 20. Règle. Les noms génériques doivent être substantifs & jamais adjectifs. Voyés L. 221.

Obs. Ainsi un nom adjectif ne doit jamais être générique & les genres *Gloriosa* L. & *Mirabilis* L. sont absurdes, il faut leur substituer *Methonica* J. & *Nyctago* J.

53. : 21. Règle. Les noms génériques doivent être constamment simples, & jamais doubles ni triples. Voyés L. 222.

Obs. Depuis Linnéus presque personne n'a osé commettre l'absurde erreur de creer des noms doubles ou triples.

54. : 22. Règle. Les noms génériques doivent être singuliers; mais ils peuvent être masculins, feminins ou neutres: ils ne deviennent pluriels que lonqu ils servent à exprimer deux ou plusieurs espèces du genre.

55. : 23. Règle. Un nom specifique ou un nom qui dérive d'une espèce, peut devenir générique & être appliqué à un Genre; mais alors d'adjectif il devient substantif.

Obs. Par exemple *Agrimonia eupatorium* L. & *Eupatorium* L. *Chironia centaurium* W. & *Centaurea* L. *Hedera helix* L. & *Helix* L. animal.

56. : 24. Règle. Le nom d'une Classe, d'un Ordre ou d'une Famille ne doit jamais devenir une dénomination génèrique, à moins qu'il ne soit considérablement modifié. Voyés Lin. 212. 233.

57. : 25. Règle. Les noms génèriques des Plantes ne doivent pas s'appliquer aux Animaux, ni ceux des Animaux aux Plantes. Voyés Lin. 230.

Obs. Ainsi le Genre *Taxus* D. qui est pareil au *Taxus* L. doit être changé en *Melesius* R. & le G. *Leucosia* Thouars, pareil au *Leucosia* F. en *Leucipus* R.

58 : 26. Règle. Il faut éviter de donner des noms de Minéraux aux Genres; mais on peut conserver ceux déjà établis sur cette légère erreur.

Obs. Ainsi on peut conserver *Hyacinthus* L. *Plumbago* L. *Heliotropium* L. dérivés de la minéralogie.

59. : 27. Règle. Il ne faut pas appliquer aux Genres des noms d'objets & termes de Sciences & d'Arts, & beaucoup moins des termes somiologiques ou des dénominations religieuses, à moins que ces noms ne soient changés en terminaison ou autrement.

Obs. Ainsi il faut changer *Cotyledon* L. en *Cotylaria* R. *Baca* J. en *Chleterus* R., *Coccus* L. en *Chermes* G.,

Atomus L. en *Epimeius* R.; *Baltimora* L. en *Baltimorea* R. mais on peut tolerer *Jacobea* J. *Angelica* L. *Vulneraria* L. *Ternatea* L. *Labrus* L. &c.

60.: 28. Règle. Les meilleurs noms sont ceux dérivés des caractères gènèriques ou attributs saillans, & formés de deux ou trois mots grecs reunis avec une terminaison latine qui expriment ces formes qualités ou attributs. Voyes Lin. 222.

Obs. Par exemple *Leptospermum* L. *Eriophorum* L. *Ceratocarpus* L. *Cryptophthalmus* R. *Rhizophora* L. *Leptura* L. *Cephalanthus* L. *Triclisperma* R. &c.

61.: 29. Règle. Ceux formés de deux ou trois mots latins reunis sont moins convenables; mais ceux composés avec des mots de deux langages differens soit grec & latin ou tout autre, sont complètement insoutenables. Voyès Lin. 223.

Obs. Ainsi *Cornucopia* L. *Cimicifuga* L. *Baccaurea* Loureiro, sont des noms très mediocres; mais *Vincetoxicum* Walter est absurde, il faut adopter a sa place *Gonolobus* Michaux: *Tamarindus* L. quoique mauvais peut se conserver comme nom entierement oriental; mais *Sciphofilix* Thouars doit se changer en *Scyphopteris* R. &c.

62.: 30. Règle. On peut tolérer les noms génèriques formés par abbréviation, contraction ou prolongement d' un mot latin ou grec, substantif ou adjectif: mais on ne peut pas conserver ceux qui sont formés sans altération d' un simple mot, car ils empèchent l' emploi futur du même mot dans la nomenclature des Genres. Voyés Lin. 234. 235.

Obs. Il s' ensuit que *Galax* L. est moins convenable qu' *Erythrorhiza* Michaux, que *Chelone* L. doit être changé en *Chlonanthus* R. *Chelone* Latr. en *Chelonias* R., *Acanthus* L. en *Acanthodus* R. *Chloris* W. en *Chlorostis* R. *Chlora* L. en *Cnonyta* R. *Pteris* L. en *Pteridium* R. &c. mais que *Crassula* L. *Sanicula* L. *Salsola* L. *Clypeola* L. &c. peuvent être tolerés.

63.: 31 Règle. On ne peut pas tolérer les noms génèriques, formés de deux ou plusieurs autres dénominations génèriques quoique fondues ensemble, à moins qu' elles ne soient rendues méconnaissables. Voyés L. 224.

Obs. Ainsi on doit préférer *Achania* Aiton à *Malvaviscus* Cav. & changer *Calamagrostris* Decand. en *Amagris* R., *Scombrexox* Lac. en *Sayris* R.

64. : 32. Règle. On doit exclure de la nomenclature les noms génériques formés du nom d'un autre Genre, auquel on a ajouté au commencement un mot ou une ou plusieurs syllabes significatives ou insignifiantes; car par cet abus on rend ces Genres équivoques et douteux. Voyés Lin. 225.

Obs. Ainsi *Homalocenchrus* Haller doit s'oublier pour *Leersia* Schreber, *Chrysochloris* G. doit se changer en *Chlorysus* R. *Hippocrepis* L. on *Hippocris* R. *Rhinomacer* F. en *Rhinomacus* R. &c.

65. : 33. Règle. Les noms génériques qui sont formés par la soustraction ou l'addition d'une ou plusieurs lettres ou syllabes au commencement ou à la fin d'un autre nom générique, ne peuvent pas être tolérés, il faut les changer ou en altérer la terminaison en telle sorte que le Genre radical devienne méconnaissable.

Obs. Cette règle se lie avec la précédente & elles se supportent réciproquement, les Genres *Talpa* L. & *Catalpa* J. *Bromelia* L. & *Melia* L. *Cancer* L. & *Anser* Brisson, *Sinapis* L. & *Apis* L. en sont des exemples; il faut dans tous les cas semblables conserver le nom antérieur (à moins qu'il ne soit d'ailleurs moins convenable) & modifier les autres; ainsi il faudra adopter *Catalpium* R. *Ananas* T., *Anseria* R. & *Apicula* R. au lieu de *Catalpa*, *Bromelia*, *Anser* & *Apis*.

66. : 34. Règle. On peut tolérer les noms génériques qui soit à dessein ou accidentellement sont formés par l'addition ou la soustraction d'une ou plusieurs lettres ou syllabes au milieu du nom d'un autre genre.

Obs. Les Genres *Hirundo* & *Hirudo*, *Tamus* & *Teramnus*, & en sont des exemples.

67. : 35. Règle. On peut aussi tolérer ceux qui semblent formés par l'addition d'une ou plusieurs lettres ou syllabes au commencement & à la fin tout ensemble d'un autre Genre, ou seulement au commencement quand la terminaison est changée. d 2

Obs. Par exemple *Chimaris* & *Marica*, *Didelphis* & *Delphinus* &c.

68. : 36. Règle. On ne doit sous aucun prétexte admettre en nomenclature, aucun Genre formé par la simple modification en terminaison d'un autre designation générique, ou suivi par une ou plusieurs syllabes diminutives ou relatives, & particulierément par *oides*, *ella*, *ola*, *ites*, *aster*, *astrum*, *istrum*, *ia*, *ium*, *aria*, *arium*, *ea*, *ata*, *ita*, *atum*, *ago*, *formis*, *opsis*, *emum* &c. Tous les noms génériques établis de cette manière équivoque & relative doivent être absolument changés. Voyes Lin. 226. 227.

Obs. Cette règle dont l'utilité est si évidente & qui devait empêcher une horrible confusion, pareille à celle dont Linneus délivra la Botanique, n'a pas été admise par toute l'Ecole française ni par beaucoup de zoologistes; mais cette reforme est devenue si nécessaire & indispensable, que son utilité ne peut manquer d'être généralement sentie & reconnue: un grand nombre de noms, modernes comme par exemple, *Xyroides*, *Talpoides*, *Volutella*, *Polygonella*, *Centaurella*, *Centaurium*, *Spergulastrum*, *Senecilla*, *Cicutaria*, *Anguillaria*, *Linaria*, *Nymphoides*, *Cassidulus*, *Helianthemum*, *Lycopodium*, *Oryzopsis*, *Ipomopsis* &c., devront donc être changés; de la même manière que ceux dont Linnéus debarassa dans un pareil cas la nomenclature, & il faudra bien se garder dorénavant d'imiter ce vicieux abus.

69. : 37. Règle. Les dénominations génériques qui sont trop semblables, ou qui s'écrivent & se prononcent d'une manière trop rapprochée, produisent la plupart du tems de la confusion & sont trés condannables: on doit toujours tacher d'éviter soigneusement une pareille similitude; mais quand les noms éxistent on ne doit les changer que dans le cas ou la ressemblance ou identité soit très frappante, ou quand la différence n'existe que dans la terminaison. Voyés Lin. 228.

Obs. Ainsi *Mitella* L. *Mitchella* L. & *Michelia* L. peuvent être conservés; mais parmi *Apis* L. *Apus* Cuvier, *Apium* L. & *Apion* Herbst, on ne doit conserver qu'

Apium L. les autres doivent être changés en *Apicula* R. *Apodium* R. & *Apimus* R. les Genres suivans sont aussi intolerables, *Zea* L. & *Zeus* L., *Chlora* L. & *Chloris* Schwartz, *Delphinus* L. & *Delphinium* L., *Scolopendra* L. & *Scolopendrium* Smith, *Pegasus* L. & *Pegasia* Peron, *Foveolaria* Ruiz & *Foveolia* Peron &c., il faudra conserver le nom antérieur & changer *Zea* en *Mays* T., *Chloris* en *Chlorostis* R., *Chlora* en *Chloryta* R. *Delphinium* en *Phtirium* R. *Scolopendrium* en *Phyllitis* R., *Pegasia* en *Nemostoma* R. & *Foveolia* en *Perima* R.

70.: 38. Règle. Il faut éviter de donner des noms barbares aux Genres, & les noms grecs & latins ou ceux derivés de ces langues méritent toujours la préférence; mais on peut quelquefois adopter faute de mieux des dénominations génèriques dérivées des langues étrangères à la grecque & à la latine, pourvu qu'elles ne soient ni dures à l'oreille ni contraires aux règles de la langue latine, ou qu'elles puissent être rendues telles par une légère modification. Voyés Lin. 229.

Obs. La première partie de cette règle est linnéene; mais sa modification m'est propre, & est évidement indispensable: car Linneus lui même l'a adoptée, tout en la rejettant; n'a t'il pas les Genre *Yucca*, *Datura*, *Jasminum*, *Ribes*, *Brunella* &c.? qui sont derivés des langues prétendues barbares, & ces noms ainsi que *Pacurina*, *Palovea*, *Simaba* &c., ne sont-ils pas plus doux, plus sonores, plus faciles & plus rapprochés du latin, que les Genres *Schwenkfelda*, *Hoffmannsegga*, *Messerschmidia*, *Mattuschkea*, *Krascheninikofia* &c.?

71.: 39. Règle. Quand la terminaison des noms gènèriques est barbare, il faut la modifier & la rendre latine. Voyés Lin. 248.

Obs. Ainsi il faut écrire *Schousbea* au lieu de *Schousbœ*, *Cupuia* au lieu de *Coupoui*, *Calesia* au lieu de *Calesjam*, *Areca* au lieu d'*Arec* &c.

72.: 40. Règle. Les noms trop longs doivent être raccourcis, et les trop courts doivent être allongés, même lorsqu'ils sont personnels. Voyés Lin. 249.

Obs. Les meilleurs noms génèriques sont ceux composés de trois ou quatre syllabes, ceux de cinq syllabes commencent à être trop longs, & ceux de deux trop courts; on doit éviter d'en etablir de pareils, mais nullement les changer sur cette seule particularite: ceux de six ou sept syllabes sont cependant insoutenables & doivent se raccourcir, & ceux d'une seule syllabe même avec diphtongue, sont absolument mauvais; il faut donc les allonger pour empêcher la confusion & permettre l'emploi de leur syllabe dans la composition des autres noms. Ainsi *Apteronotus* Lac. *Symphoricarpos* J. *Argyrocome* Gaertner &c. doivent être conserves quoique un peu longs; mais *Kraschenninikofia* Guldenstelt & *Mesembryanthemum* L. doivent être raccourcis & changes en *Kranikofia* R. *Mesembryanthus* R. &c. De meme *Falco* L., *Esox* L., *Celtis* L. &c. quoique un peu courts doivent se conserver; mais *Leea* L., *Neea* Ruiz, *Bos* L., *Mus* L. doivent se changer en *Leeania*, *Neeania*, *Taurus*, *Musculus* R. &c.

73.: 41. Règle. Les noms trop durs ou trop barbares doivent être modifiés, même lorsqu' ils sont personnels, afin de les rendres convenables & faciles.

Obs. Quand on veut donner à un Genre le nom d'un Individu qui entre dans la catégorie des barbares, il vaux encore mieux le modifier que de l'exprimer tel & quel; car il n'est pas absolument nécessaire de le donner entier pour le rappeller à la memoire, ainsi Tournefort changea *Gundelsheimera* en *Gundelia* & l'on doit changer *Schwenkia* L. en *Shuenkia* R., *Mattuschkea* L. en *Mattuskea* R. De même Linneus changea *Anapodophyllum* T. en *Podophyllum*, & *Paypayrola* Aublet (ou Payrola Lam. trop voisin de *Pyrola* L. ou *Wibelia* P. nom postérieur) doit se changer en *Lignona* Scopoli.

74.: 42. Règle. Les meilleures dénominations génèriques après les significatives sont celles dediées à des Botanistes, Zoologistes & Naturalistes, on les forme en unissant à leurs noms une terminaison latine en *a*, *ia* ou *ea* pour les Végéta . & en *us* ou *ius* pour les Animaux.

Obs. Cette excellente règle offre une multitude de bons noms génériques, quand il est difficile d'en trouver de significatifs, & offre les moyens de récompenser les travaux des Somiologistes. Linneus ne l'etendit qu'aux Plantes, & on l'a imité presque genèralement à cet égard; mais ce procédé me parait injuste & il convient d'etendre cet usage aux Animaux, afin d'avoir aussi le moyen de récompenser le zèle de ceux qui en font leur étude. Il faut pourtant observer de ne faire jouir de cet honneur que les Somiologistes dont les Ouvrages procurent un accroissement quelconque à la science, & nullement aux compilateurs de catalogues, aux plagiaires & aux simples amateurs.

75. : 43. Règle. Il ne faut pas faire entrer le prènom d'un somiologiste dans le nom génerique, & encore moins le composer des noms de deux ou plusieurs Auteurs.

Obs. Ainsi *Gomortega* Ruiz, formé de Gomez Ortega doit se changer en *Adenostemum* P. & *Carludovica* Ruiz, formé de deux noms, en *Ludovia* P.

76. : 44. Règle. On peut, mais plus rarement, dédier des nouveaux genres à des Philosophes, grand Voyageurs, hommes illustres & Protecteurs des sciences particulièrement de la Somiologie ou quelqu'unes de ses branches; mais nullement à des simples amis, ni par flatterie. Voyés Lin. 237.

Obs. Par exemple *Furcroya* R. (*Furcræa* Ventenat), *Virgilia* Lam. *Salomonia* Loureiro, *Cliffortia* L. *Comptonia* Aiton &c.

77. : 45. Règle. On peut aussi prendre des noms génèriques de la mythologie ou de l'ancienne poësie. Voyés Lin. 239.

Obs. Par exemple. *Palinurus* F. *Alpheus* F. *Peneus* F. *Ocythoe* R., *Ocyroe* Peron, *Artemisia* L., *Chironia* L. &c.

78. : 46. Règle. On peut enfin appliquer des anciens noms grecs ou latins de plantes & d'animaux aux nouveaux Genres qui s'en rapprochent, sans rechercher minutieusement s'ils correspondent exactement à la même espèce ni au même Genre. Voyés Lin. 241.

Obs. Par exemple *Melia* L. *Datisca* L. *Selepsion* R. &c.

79. : 47. Règle. Il faut éviter de donner aux Genres exactement les mêmes noms qui ont déjà été employés

pour désigner quelques uns de leurs organes; mais un changement léger dans leur terminaison sera suffisant pour les distinguer, & les noms propres donnes aux fleurs & aux fruits doivent être exceptes de cette règle.

Obs. Ainsi Necker avait tort lorsqu'il proposait de nommer les Genres *Cerasus*, *Prunus*, *Rosa* &c. *Cerasophora*, *Prunophora*, *Rhodophora*, car les fruits des deux premiers de ces genres sont distingués par une terminaison différente, & la *Rosa* comme *la Tulipa* &c., désigne en même temps la fleur & la plante.

80.: 48. Règle. Les lettres & mots grecs ou étrangers qui sont employés dans les denominations génériques doivent s'écrire & se prononcer comme en latin. Voyes Lin. 247.

Obs. J'expliquerai pleinement cette règle dans ma critique des Genres, où je fixerai l'exacte prononciation des Genres; dont l'ignorance a été cause, que les Somiologistes de nations différentes appliquant à la nomenclature somiologique la prononciation de leur propre langage, ont souvent confondus par ce moyen plusieurs genres, ou les ont tont au moins rendus inintelligibles entre leurs diverses nations. Il suffira d'indiquer ici que l'*u* doit toujours se prononcer comme l'*ou* francais, l'*a*, l'*e*, l'*i* & l'*o* comme en francais, l'*y* comme i, *th* comme *t*, *ph* comme *f*, *ch* comme *k*, &c.

81.: 49. Règle. On doit changer les dénominations génériques, si nonobstant qu'elles paraissent s'accorder avec presque toutes ces règles, elles seront contraires à une seule d'entr'elles, à moins que ce ne soit contre celles qui sont tolérables; mais si elles sont formées contre plusieurs même de cette dernière sorte, il faudra alors les considerer comme mauvaises & les modifier en conséquence.

82.: 50. Règle. Enfin dès qu'on a changé ou modifié un Genre, par suite des defauts évidens que ces règles sont destinees à faire connaitre & corriger, il fant absolument adopter ces changemens & ne plus y toucher sous pretexte de les perfectionner, hormis dans le cas que par erreur ils ne renfermassent aussi quelque defaut capital.

RÈGLES CLASSIQUES &c.

83. Les règles génèriques précédentes sont aussi pour la plupart applicables à la Nomenclature des Classes, des Ordres & des Familles, & en outre à celle de toutes leurs divisions ou dénominations *secondaires, tertiaires, quaternaires* &c. : particulièrement à celle des Sous-Classes, Sous-Ordres, Sous-Familles & Sous-Genres, qui sont les plus fréquentes.

84. Ni Linnéus ni aucun autre Somiologiste n'a jamais établi les règles de la Nomenclature de ces divers groupes, ainsi je serai le vrai & premier fondateur de leur Nomenclature; car je vais proposer de les assujétir à des loix fixes & stables, comme celles des Genres, & j'éxécuterai à leur égard un travail semblable à celui que Linnéus eu jadis le gènie de concevoir pour les Genres & les Espèces. L'absolue nécessité d'un pareil travail était devenue évidente; il devait en effet paraitre bien absurde & inconséquent de négliger ainsi les Classes, les Ordres & les Familles &c., tandis qu'on mettait un tel soin à désigner correctement les dénominations génériques & spécifiques.

85. Les Règles particulières aux Classes sont moins nombreuses des gènèriques, a cause du nombre limité des Classes elles mèmes, & parmi leur nombre toutes leur sont communes avec le Genres; voici les Règles génériques qui devront devenir pareillement classiques, savoir, les règles 1. 2. 3. 4. 5. 6. 7. 8. 9. 10. 11. 12. 13. 14. — 16. — 18. 19. 20. 21. 22. — 24. 25. 26. 27. 28. 29. — 31. 32. 33. 34. 35. 36. 37. 38. 39. 40. —— 47. 48. 49. 50. En appliquant ces règles génériques aux Classes il faut se rappeler de lire Classe partout où l'on parle de Genre (& viceversa), & caractère classique partout où il y a caractère générique.

85. Au reste parmi ces règles classiques, la règle principale, & la plus essentielle, car elle renferme en quelque sorte toutes les autres, est que chaque Classe doit avoir un nom simple, substantif, singulier, signifi-

catif & latin, mais dérivé du grec ou du latin. Cette seule règle suffirait pour assimiler en tout la Nomenclature classique à la générique.

86. A l'égard de la nomenclature des Ordres & des Familles ainsi que de leurs divisions, dont le nombre est considérable, il est nécessaire de l'assimiler entièrement à celle des Genres; la règle classique précédente en sera aussi le fondement principal, & son défaut capital étant dans ce moment d'admettre presque exclusivement des noms pluriels & souvent adjectifs, il faudra bien se garder d'imiter cet exemple: car ces noms ne peuvent devenir pluriels que lorsqu'ils doivent exprimer collectivement les objets qu'ils désignent, & l'on ne peut admettre des noms adjectifs que parmi les dénominations secondaires, &c.

88. Les règles génériques qui devront fixer invariablement la nomenclature des Ordres, des Familles &c. sont les suivantes: savoir, 1. 2. 3. 4. 5. 6. 7. 8. 9. 10. 11. 12. 13. 14. — 16. 17. 18. 19. 20. 21. 22. —— 25. 26. 27. 28. 29. 30. 31. 32. 33. 34. 35. 36. 37. 38. 39. 40. 41. —— 47. 48. 49. 50. Il faudra se rapeller de lire Ordres ou Familles partout où ces règles nomment Genres, & caractères ordinaux ou familliques où elles désignent les caractères génériques.

89. Une Règle supplémentaire devra établir pour principe général que les Ordres, Familles &c. devront toujours avoir des noms significatifs ou relatifs aux Genres qu'ils contiennent; on pourra dans ce dernier cas en dériver le nom du Genre principal, ou du plus ancien, du plus nombreux en espèces, ou mieux connu parmi ceux qui s'y rapportent, & on devra le former par dérivation, relation, ou diminution; mais jamais par le changement en pluriel. Les dérivations les plus usuelles sont celles à terminaison en *acia*, *ania*, *idia*, *inia*, *icia*, *ilia*, *alia*, *olia*, *osia*, *isia* &c.

RÈGLES SPÉCIFIQUES.

90. Les Règles de la Nomenclature des Espèces sont bien plus différentes des génériques : car les espèces sont si nombreuses, si variées & fondées sur des considérations si disparates qu'on ne peut pas leur appliquer tous les principes rigoureux de la Nomenclature générique. D'ailleurs leurs noms étant simplement secondaires & par conséquent adjectifs, doivent être régis par plusieurs principes différens : c'est ce que je vais désigner briévement.

91. Voici d'abord toutes les règles génériques qui sont applicables aux espèces, en y lisant caractères spècifiques au lieu de caractères génèriques & Espèces au lieu de Genres, savoir 1. 2. 3. 4. 5. 6. 7. 8. 9. 10. 11. 12. 13. 14. 15. 16. 17. 18. 19. —— 22. 23. —— 34. 35. —— 38. 39. 40. 41. 42. 43. 44. 45. 46. 47. 48. 49. 50. Les principes suivans sont les règles supplémentaires de la Nomenclature spécifique.

92. 1. R. S. Les noms spécifiques doivent être constamment adjectifs singuliers ; même lorsqu'ils dérivent d'un nom substantif.

93. 2. R. S. Ils peuvent être doubles ou formés de deux mots réunis par un trait d'union. Ex. *Asplenium ruta-muraria*.

94. 3. R. S. Ils doivent être latins ou latinisés s'ils dérivent du grec ou d'autres langues.

95. 4. R. S. On peut tolèrer ceux qui dérivent d'un nom génèrique, même d'une manière relative ou diminutive, ou par un changement en terminaison.

96. 5. R. S. On peut donner aux espèces des noms dérivés des couleurs de quelqu'unes de leurs parties ; surtout quand elles sont constantes. Ex. *Melica cerulea*, *Lacerta viridis* &c.

97. 6. R. S. On peut aussi les nommer d'après leur pays natal ou le pays où on les trouva d'abord ; mais ces noms géographiques sont sujets à induire en erreur.

98. 7. R. S. Les noms comparatifs ou superlatifs sont peu convenables, on doit les éviter ; mais il ne faut pas

abroger ceux qui existent. Ex. *Gypsophylla altissima*, *Squalus maximus*, &c.

99. 8. R. S. On peut donner aux espèces des noms négatifs, métaphoriques & rhétoriques. Ex. *Ranunculus sceleratus*, *Mullus apogon*, *Cleome aphylla* &c.

100. 9. R. S. On peut tolérer les noms spécifiques qui expriment des attributs communs à plusieurs autres espèces du même genre, pourvu que ce nom convienne parfaitement à l'espèce qu'il désigne; mais il faudra éviter d'en établir de pareils.

101. 10. R. S. Il faut éviter s'il est possible de désigner les espèces par des noms exprimant des caractères variables, particulièrement ceux déduits, des époques de la fleuraison, de la durée, du sol, de l'odeur, saveur, pubescence, fréquence, monstruosité &c.

102. A l'égard des Races, Variétés &c. leur nomenclature devra être absolument pareille à celle des Espèces.

PRINCIPES OU LOIX DE LA CLASSIFICATION.

103. La Classification des Corps organisés est le second des objets nécessaires pour acquérir leur connaissance & elle suit immédiatement la Nomenclature. Elle consiste, comme on a vu dans les Principes généraux, à diviser idéalement l'entière collection & les amas partiels de corps individuels, en Groupes successifs désignés par les dénominations de Classes, Ordres, Familles, Genres & Espèces, lesquels se sous-divisent souvent en groupes secondaires; mais pareillement factices.

104. L'Art de classer & graduer ces groupes n'en est pas moins essentiel & important; car c'est de lui que dépend la connaissance scientifique, facile, approfondie, & complète des Corps organisés, & sans lui on n'en peut acquérir qu'une connaissance empirique, difficile, imparfaite, & vacillante. Le besoin d'acquérir avec facilité une exacte connaissance des Corps organisés a fait imaginer l'art de la Classification, dont les principes bien dirigés aménent sans difficulté à ce but. Mais les Somiologistes n'ont pas tous suivi la même route; ils ont imaginés plusieurs sortes de Classifications plus ou moins parfaites, & ils ont taché de les appliquer à la connaissance des Animaux & des Végétaux, sans trop rechercher les loix fondamentales de la Classification, ni en étudier les rapports.

105. Plusieurs ont eu le bon sens de concevoir qu'il devait exister une Classification naturelle & ils ont cherché à en découvrir les chainons, ou à en établir les bases par l'étude des rapports; mais tout en désirant d'en complèter la découverte ils n'y ont pas reussi, & ils ont même négligés d'étendre leurs travaux à tous les Corps organisés. L'imperfection & l'inutilité de leurs louables efforts a néanmoins fait naitre un doute parmi

les Savans, on a supposé qu'une Classification naturelle & parfaite était introuvable ou trop difficile dans l'application, & ce doute facheux a multiplié les partisans des autres Classifications.

106. Toutes les Classifications que l'on a inventées & employées jusqu'ici peuvent se réduire à quatre sortes, 1. Les Classifications naturelles ci-dessus, 2. Les Classif. méthodiques ou Méthodes, 3. Les Classif. analytiques ou Analyses, & 4. Les Classif. systèmatiques ou Systèmes. Chacune d'elles a des inconvéniens, des désavantages & des caractères particuliers que je vais faire connaitre; mais les loix de la Classification, sont applicables à toutes, & elles en doivent être les bases, ainsi que les points de comparaison de leurs respectives valeurs.

107. Les Classifications naturelles n'ont été jusqu'ici employées avantageusement que pour les Animaux, à l'égard des Végétaux, celles que l'on nomme telles, sont plutôt un cahos où l'imagination erre, à l'aide de quelques rapports réels ou supposés, & n'adopte aucunes règles fixes ni rigoureuses; mais ne repose au contraire que sur des considerations vagues, sans se circonscrire dans des divisions réguliéres à limites fixes, afin de découvrir les objets, de les grouper & de les situer dans leur places respectives. Tandis que pour les Animaux cetta Classification est fondée sur des bases solides & sur la considération de la totalité des caractères; les rapports naturels en formant les lieux, & les différences caractéristiques les articulations: ainsi on peut la considérer comme trouvée pour cette partie des corps organisés, où il ne reste plus qu'à la perfectionuer; mais elle est encore nulle pour les Végétaux, ce ne sera qu'en les assimilant aux Animaux par la Classification que l'on pourra espèrer de l'ébaucher, & qu'en assujétissant les uns & les autres à des principes invariables que l'on devra les considérer comme classés naturellement. C'est alors que disparaitra de cette Classification les absurdités qui en font la honte, ce sont particulièrement, 1. les Genres à rapports avec les familles & qui en forment les appendix sans y

être réunis, 2. les Genres à rapports incertains qui sont séparés des autres & n'entrent dans aucune Classe, & 3. les Ordres ou les familles sans caractères définis apparens, ou dont les caractères sont si vagues & si difficiles à étudier qu'on ne peut parvenir par leur moyen à la connaissance désirée des Corps organisés.

108. Les Méthodes ou Classifications méthodiques, sont les plus convenables au défaut des naturelles; car elles sont fondées sur la majorité des caractères & elles reposent sur certaines règles, basées sur un certain nombre de considérations naturelles & de rapports réels, d'après lesquelles on forme la série régulière des Corps; mais comme elles ne conservent jamais qu'une faible partie de rapports naturels, & comme les caractères des Ordres, Familles &c. y sont souvent factices ou de peu valeur, elles ne méritent pas la préférence sur la Classification naturelle. Si pourtant une méthode est tellement combinée, qu'elle conserve la plupart des affinités naturelles & que les caractères en soient réels, elle devient alors une Méthode naturelle ou Classification naturelle méthodique, comme celle que j'ai en vue & dont je parlerai ci-après.

109. Les systèmes ou Classifications systèmatiques sont les pires de toutes, quoique leur apparente, mais illusive, facilité soit très séduisante; car ils ne reposent que sur certains principes systèmatiques, dont les limites sont ordinairement bien tranchés & définis; mais dont les fondemens sont vagues, inconstans & sans valeur intrinsique: d'ailleurs les caractères qu'ils emploient sont en si petit nombre & tellement circonscrits qu'ils ne peuvent offrir des divisions suffisantes, & si ces caractères sont variables ce qui est souvent le cas, ils perdent leur apparente facilité & n'offrent plus aucun moyen sur de recherche..

110. La Classification analytique est intermédiaire entre les Systêmes et les Classifications naturelles, elle unit à la facilité des premiers, l'irrégularité des seconds; mais elle ne conserve presque aucune affinité naturelle, elle est même inférieure aux méthodes à cet égard: elle

n'est en conséquence propre qu'à être employée en forme de tableaux ou tables synoptiques, mais à cet effet elle est de beaucoup préférable aux systêmes.

111. La Perfection d'une Classification quelconque consiste a suivre autant que possible les règles genèrales & particulières que je vais énoncer; elles seront les pierres de touche d'une méthode, d'un systême ou tout autre Classification, pour s'assurer de sa bonté & de son utilité, ou reconnaitre ses défauts & ses imperfections. Celles qui s'accorderont avec le plus grand nombre d'entr'elles ou rempliront la majeure partie des conditions qu'elles indiquent, seront les plus parfaites & naturelles, & s'il y aura jamais une Classification ou méthode qui les remplisse toutes, elle sera la vraie Méthode naturelle, cherchée par tous les Somiologistes (& particulièrement par les Botanistes) qui l'ont cru, peut-être à tort, aussi difficile à trouver que la pierre philosophale & l'ont considéré comme le nec plus ultra de la Science.

RÈGLES GÉNÉRALES ET PARTICULIÈRES.

112. I. Règle génèrale. Toutes les Classes, les Ordres, les Familles, le Genres & les Espèces doivent s'établir d'après des caractères contrastants, faciles, invariables, prècis, importants, nullement équivoques ni minutieux & propres à chaque sorte de groupe.

113. 1. Règle particuliere. Les Caracterès de chaque Classe doivent être différens de ceux des autres Classes; ils doivent contraster entr'eux & être bien définis & circonscrits.

114. 2. R. P. Les Caractères de chaque Ordre doivent être différens de ceux des autres Ordres; ils doivent contraster entr'eux & être bien définis & circonscrits.

115. 3. R. P. Ceux de chaque Famille doivent être differens de ceux des autres Familles; ils doivent contraster entr'eux & être bien définis & circonscrits,

116. 4. R. P. Ceux de chaque Genre doivent être differens de ceux des autres Genres; ils doivent contraster

entr' eux & être bien définis & circonscrits.

117. 5. R. P. Ceux de chaque Espèce doivent être différents de ceux des autres Espèces; ils doivent contraster entr' eux & être bien définis & circonscrits.

119. 6. R. P. Les Caractères de chaque Classe,

120. 7. R. P. Ceux de chaque Ordre,

121. 8. R. P. Ceux de chaque Famille,

122. 9. R. P. Ceux de chaque Genre,

123. 10. R. P. Et ceux de chaque Espèce,

doivent être faciles à observer & à connaitre, & (autant que possible) nullement basés sur des observations microscopiques, hormis dans les corps ou organes eux mêmes microscopiques.

124. 11. R. P. Les Caractères de chaque Classe,

125. 12. R. P. Ceux de chaque Ordre,

126. 13. R. P. Ceux de chaque Famille,

127. 14. R. P. Ceux de chaque Genre,

128. 15. R. P. Et ceux de chaque Espèce,

doivent être invariables & constants, nullement basés sur des considérations variables, à moins qu' elles ne soient exprimées comme telles, ni sujets à aucun changement ou modification, exceptés ceux que la découverte de nouveaux Groupes voisins pourra obliger d' adopter, afin de les mieux isoler & distinguer.

129. 16. R. P. Les Caractères de chaque Classe,

130. 17. R. P. Ceux de chaque Ordre,

131. 18. R. P. Ceux de chaque Famille,

132. 19. R. P. Ceux de chaque Genre,

133. 20. R. P. Et ceux de chaque Espèce,

doivent être précis & sans équivoque, avec le moins d' exceptions possibles, & ces exceptions mêmes bien définies; afin qu' un défaut de clarté, de précision ou d' expression ne puisse pas induire en erreur.

134. 21. R. P. Les caractères de chaque Classe,

135. 22. R. P. Ceux de chaque Ordre,

136. 23. R. P. Ceux de chaque Famille,

137. 24. R. P. Ceux de chaque Genre,

138. 25. R. P. Et ceux de chaque Espèce,

ne doivent point être minutieux, ou fondés sur des considérations de nulle ou de peu de valeur & importance relative.

139. 26. R. P. Les Caractères de chaque Classe,

140. 27. R. P. Ceux de chaque Ordre,

141. 28. R. P. Ceux de chaque Famille,

142. 29. R. P. Ceux de chaque Genre,

143. 30. R. P. Et ceux de chaque Espèce,

doivent être propres aux seuls groupes pareils & n'être point les mêmes que ceux employés pour les autres dénominations de groupes.

144. II. Règle générale. Les Caractères des Classes, des Ordres, des Familles, des Genres & des Espèces, doivent être tirés de toutes les parties ou organes des corps, offrant des distinctions constantes, importantes, & communes à tous les groupes qui leur sont subordonnés.

145. 31. R. P. Les Caractères de toutes les Classes,

146. 32. R. P. Ceux de tous les Ordres,

147. 33. R. P. Ceux de toutes les Familles,

148. 34. R. P. Ceux de tous les Genres,

149. 35. R. P. Et ceux de toutes les Espèces,

ne doivent pas être tirés d'un seul organe, ou d'un petit nombre d'organes particuliers; mais de tous ceux (sans en omettre aucun) qui offrent des distinctions différentes, caractèristiques, importantes, constantes & communes à tous les Corps qu'on y place.

150. III. Règle générale. Tous les Corps organisés qui offrent des caractères semblables & relativement identiques, c'est à dire les mêmes caractères essentiels spécifiques, génèriques, familliques, ordinaux ou classiques, doivent être placés dans les mêmes Espéces, Genres, Familles, Ordres & Classes.

151. 36. R. P. Tous les individus qui offrent les mêmes caractères spécifiques doivent former une seule Espècè.

152. 37. R. P. Toutes les espèces qui offrent le mêmes caractères génèriques doivent former un seul Genre.

153. 38. R. P. Tous les genres qui offrent les mêmes caractères familliques doivent former une seule Famille.

154. 39. R. P. Toutes les familles qui offrent les mêmes caractères ordinaux doivent former un seul Ordre.

155. 40. R. P. Tous les ordres qui offrent les mêmes caractères classiques doivent former une seule Classe.

156. IV. Règle génerale. Tous les Corps organisés qui offrent des caractères dissemblables & constants ou relativement différents, soit spècifiques, génèriques, familliques, ordinaux ou classiques, doivent former autant d'Espèces, de Genres, de Familles, d'Ordres ou de Classes.

157. 41. R. P. Tous les individus qui offrent des caractères spècifiques differents constants, doivent former des Espèces particulières.

158. 42. R. P. Toutes les Espèces qui offrent des caractères génèriques différents & constants, doivent former des Genres particuliers.

159. 43. R. P. Tous les Genres qui offrent des caractères familliques différents & constants, doivent former des Familles particulières.

160. 44. R. P. Toutes les familles qui offrent des caractères ordinaux différents & constants, doivent former des Ordres particuliers.

161. 45. R. P. Tous les ordres qui offrent des caractères classiques différents & constants, doivent former des Classes particulières.

162. V. Règle génèrale. Toutes les Espèces, tous les Genres, toutes les Familles, tous les Ordres & toutes les Classes, qui ont collectivement des affinités relatives ou des rapports naturels & constants, doivent être rapprochés ou grouplés en raison directe des dégrés relatifs de ces affinités ou rapports, & de leur nombre ou importance, & dans les dispositions en série y être séparés par le moindre intervalle possible.

163. 46. R. P. Toutes les Espèces qui ont collectivement &c. *comme ci-dessus*.

164. 47. R. P. Tous les Genres qui ont collectivement &c.

165. 48. R. P. Toutes les familles qui ont collectivement &c.

166. 49. R. P. Tous les Ordres qui ont collectivèment &c.

167. 50. R. P. Toutes les Classes qui ont collectivement &c. f 2

168. VI. Règle générale. Il faut qu'il soit toujours facile à quiconque connait simplement les termes somiologiques de parvenir à la connaissance d'une Classe, d'un Ordre, d'une Famille, d'un Genre ou d'une Espèce, & d'en découvrir le nom, par la simple analyse des caractères propres à chacun de ces groupes, & à cet effet aucun groupe ne doit s'écarter des caractéres qui lui ont été assigné.

169. 51. R. P. Aucune Classe ne doit s'écarter de ses caractères propres, afin qu'il soit toujours facile de parvenir à sa connaissance par leur analyse.

170. 52. R. P. Aucun Ordre ne doit s'écarter de ses caractères propres, afin qu'il soit toujours facile de parvenir à sa connaissance par leur analyse.

171. 53. R. P. Aucune famille ne doit s'écarter &c.

172. 54. R. P. Aucun Genre ne doit s'écarter &c.

173. 55. R. P. Aucune Espèce ne doit s'écarter &c.

174. VII. Règle génèrale. Il faut qu'on puisse y situer aisément & convenablement selon leur dégré d'affinité toutes les nouvelles Classes, tous les nouveaux Ordres, toutes les nouvelles familles, tous les nouveaux Genres & toutes les nouvelles Espèces, qui pourront être découvertes, les rapportant respectivement aux groupes supérieurs dont ils devront dépendre.

185. 56. R. P. Toutes les nouvelles Classes,

176. 57. R. P. Tous les nouveaux Ordres,

177. 58. R. P. Toutes les nouvelles Familles,

178. 59. R. P. Tous les nouveaux Genres,

179. 60. R. P. Et toutes les nouvelles Espèces doivent pouvoir s'y rapporter aisément & convenablement aux groupes respectifs dont ils devront dépendre.

180. Règle supplémentaire. Toutes ces règles tant générales que particulières doivent être communes aux Sous Classes, aux Sous-Ordres, aux Sous-Familles, aux Sous-Genres, & aux Sous-Espèces, ainsi qu'à toutes les autres divisions tertiaires, quaternaires &c.

181. Maintenant si l'on daigne comparer & juger toutes les Classifications connues & en usage, d'après les règles précédentes, dont la justesse ne pourra pas être

problèmatique aux yeux des Somiologistes éclairés, on parviendra facilement à évaluer leur mérite ou à découvrir leurs défauts & par conséquent à s' assurer de celles qui méritent la préférence. Chacun pourra aisément faire cette comparaison, ainsi il serait superflu de l' entreprendre ici, & il me suffira d' indiquer les rapports & les défauts des principales Classifications, de celles qui sont presque généralement suivies, comme par exemple le Système sêxuel de Linnéus, & la Classification naturelle de Jussieu pour les Plantes, ainsi que la méthode zoologique de Linnéus & celle de Duméril pour les Animaux.

182. Le Systéme sêxuel de Linnéus ne remplit parfaitement que les deux dernières Règles génèrales de la Classification, & il péche plus ou moins contre toutes les autres, particulièrement contre la seconde & cinquième; il doit par conséquent être rangé parmi les Classifications imparfaites & deffectuenses.

183. La Classification naturelle de Jussieu au contraire ne s' accorde en quelque sorte qu' avec la seconde & la cinquième règle, & elle viole plus on moins toutes les autres; mais principalement la sixième: ainsi elle est aussi deffectueuse que le système sêxuel.

184. Les méthodes zoologiques de Linnéus & Duméril sont basées sur des principes pareils, quoique la seconde soit bien supérieure à la première, elles participent des Classifications naturelles & peuvent être considèrées comme des méthodes naturelles, car elles remplissent, plus ou moins, la majeure partie des conditions indiquées par les 7 Règles génerales de la Nomenclature, cependant celles des quatrième, sixième & septième ne le sont que bien faiblement, surtout par la méthode linnéene.

185. D' après ce léger apperçu comparatif, il résulte que tous les Corps organisés (& particulièrement les Plantes) ne sont pas encore classés méthodiquement & naturellement, & qu' ils ne le sont nullement avec l' exactitude & la précision convenable. Il est donc important de les assujétir enfin à une Classification génèrale, méthodique, naturelle, invariable & exacte, basée entiè-

rément sur les justes Règles gènèrales & particulières que j'ai etablies : c'est ce que j'espère exécuter complètement sous peu. Je me contenterai d'ebaucher maintenant le plan de ma méthode, en donnant les definitions de ses Règnes & Classes.

186. La méthode que j'ai en vue participera de toutes les Classifications connues, hormis des Systèmes, car elle unira à la méthode l'analyse & à toutes deux les rapports naturels : elle sera donc en effet une methode analytique naturelle ; mais comme ce nom est trop long, j'adopterai au lieu celui de MÉTHODE SYNOPTIQUE, pour la désigner par un terme caractèristique.

PLAN DE LA MÉTHODE SYNOPTIQUE

EMPIRE ORGANIQUE OU SOMIOLOGIQUE

SOMOBIA — CORPS ORGANISÉS — SOMIOLOGIE.

I. RÈGNE. R. ANIMAL.

ZOONIA — ANIMAUX — ZOOLOGIE.

Définition. Ordinairement une cavité interne recevant les alimens, organes de la génération subsistant presque toujours jusqu'à la dissolution des individus, jamais des racines fixées dans la terre & y absorbant la nourriture, la faculté locomotive & locomobile existant dans la majeure partie des individus.

I. Sous-Règne. ZOSTOLIA — Zostiens — Zostologie.

Definition. *Caract. exclusif*. Un Squelette osseux. *Car. casuel*. Epine dorsale ordinairement formée par une suite d'osselets ou vertèbres.

1. Sur-Classe. TERMATIA — Termatiens — Termatologie.

Déf. Car. exclusifs, Sang chaud, cœur à deux ventricules, des mamelles ou des plumes.

I. CLASSE. MASTODIA. — Mammifères — Mastodologie.

Def. Car. exclusif. Des Mammelles, *Car. négatif*. Point de plumes.

II. CLASSE. ORNITHIA. — Oiseaux — Ornithologie.

Def. Car. exclusif. Corps & ailes emplumées. *Car. nég.* point de mammelles.

2. Sur-Classe. SICREMIA — Sicrèmiens — Sicrèmologie.

Déf. Car. excl. Sang froid, cœur à un ventricule. *Car nég.* Ni mammelles ni plumes.

III. CLASSE. ERPETIA — Reptiles — Erpétologie.

Déf. Car. positifs. Des poumons; *Car. nég.* Point de nageoires à rayons. *Car. casuel.* très rarement des branchies.

IV. CLASSE. ICHTHYOLIA — Poissons — Ichthyologie.

Déf. Car. casuel, Ordinairement des nageoires à rayons. *Car. nég.* point de poumons. *Car. pos.* toujours des branchies.

II. Sous-Règne. ANOSTIA — Anostiens — Anostologie.

Déf. Car. négatifs. Point de squelette osseux ni d'épine dorsale vertèbrée. *Car. positifs*. Des vaisseaux sanguins ou un vaisseau dorsal.

1. Sur-Classe. CONDILOPIA — Condilopes — Condilogie.

Déf. Car. excl. Des jambes articulées.

V. CLASSE. PLAXOLIA — Crustacés — Plaxologie.

Déf. Car. positifs. Des branchies & des vaisseaux sanguins.

VI. CLASSE. ENTOMIA. — Insectes — Entomologie.

Déf. Car. négatifs. Point de branchies ni de vaisseaux sanguins. *Car. pos.* Des trachées & stigmates. *Car. cas.* Souvent des ailes.

2. Sur-Classe. ANOPIA. — Anopes — Anopologie.

Déf. Car. nég. Point de jambes articulées.

VII. CLASSE. MALACOSIA — Mollusques — Malacologie.

Déf. Car. pos. Des branchies. Des vaisseaux sanguins.

VIII. CLASSE. HELMINTHIA. — Vers — Helminthologie.

Déf. Car. positifs. Un vaissean dorsal. Des trachées. *Car. nég.* point de vaisseaux sanguins.

III. Sous-Règne. ZOPSIA — Zopsiens — Zopsologie.

Déf. Car. nég. Ni squelette osseux, ni vaisseaux sanguins ni vaisseau dorsal.

IX. CLASSE. PROCTOLIA. — Proctoles — Proctologie.

Déf. Car. pos. Des Intestins & un anus distinct de la bouche.

X. CLASSE. POLYPIA — Polypes — Polypologie.

Déf. Car. nég. Point d' anus distinct de la bouche. *Car. pos.* une ou plusieurs bouches.

II. RÈGNE. R. VÉGÉTAL.

PHYTONIA — VÉGÉTAUX — PHYTOLOGIE.

Définition. Presque toujours des racines fixées en terre & des pores externes absorbant la nourriture, aucune cavité interne pour la recevoir, organes de la génération se détruisant avant la dissolution des individus & pouvant ordinairement se renouveller, aucune faculté lomotive & rarement la locomobile.

I. Sous-Règne. DICOTYLIA. — Dicotylées — Dicotologie.

Déf. Car. pos. Vasculaires intérieurement, à fibres concentriques. *Car. cas.* germination ordinairement dicotyle.

1. Sur-Classe, ELTRANTHIA. — Eltranthées — Eltranthologie.

Déf. Car. pos. Fleurs à ovaires libres ou détachés du périgone.

I. CLASSE. ELTROGYNIA. — Eltrogynées — Eltrologie.

Déf. Car. nég. Etamines jamais insérées sur une corolle péripétale (monopétale).

II. CLASSE. MESOGYNIA. — Mésogynées — Mésologie.

Déf. Car. pos. Etamines constamment insérées sur une corolle péripétale.

2. Sur-Classe. SYMPHANTHIA — Symphanthées — Symphanthologie.

Déf. Car. pos. Fleurs à ovaire adhérent ou réuni au périgone.

III. CLASSE. ENDOGYNIA. — Endogynées — Endologie.

Déf. Car. pos. Etamines constamment inserées sur une corolle péripétale.

IV. CLASSE. SYMPHOGYNIA — Symphogynées — Symphologie.

Déf. Car. nég. Etamines jamais insérées sur une corolle péripétale.

II. Sous-Règne. MONOCOTYLIA — Monocotylées — Monocotologie.

Déf. Car. pos. Vasculaires intérieurement, à fibres fasciculées. *Car. casuel.* Germination ordinairement monocotyle.

1. Sur-Classe. ISANTHIA. — Isanthées — Isologie.

Déf. Car. pos. Fleurs toujours apparentes & périgonées. *Car. nég.* fleurs jamais spadicées ni glumacées.

V. CLASSE. ANGIOGYNIA — Angiogynées — Angiologie.

Déf. Car. pos. Ovaire adhérent au périgone.

VI. CLASSE. GYMNOGYNIA. — Gymnogynées — Gymnologie.

Déf. Car. pos. Ovaire libre ou détaché du périgone.

2. Sur-Classe. HETERANTHIA. — Hétéranthées — Hétérologie.

Déf. Car. pos. Fleurs peu apparentes, ou sans périgone, ou spadicées, ou glumacées, ou à sèxes invisibles.

VII. CLASSE. PHANEROGYNIA — Phanérogynées — Phanérologie.

Déf. Car. pos. Fleurs spadisées, ou glumacées ou sans périgone, mais toujours à étamines & ovaires apparens.

VIII. CLASSE. CRYPTOGYNIA. — Cryptogynées — Cryptologie.

Déf. Car. pos. Fleurs toujours sans périgone, peu apparentes, & à étamines & ovaires invisibles.

III. Sous-Règne. ACOTYLIA. — Acotylées — Acotologie.

Déf. Car. pos. Cellulaires intèrieurement. *Car. nég.* Ni vases ni fibres. *Car. cas.* germination presque toujours acotyle.

IX. CLASSE. ALGOLIA. — Algues — Algologie.

Déf. Car. pos. Un Talle ou une Fronde. *Car. cas.* souvent aquatiques.

X. CLASSE. MYCOLIA. — Champignons — Mycologie.

Déf. Car. nég. Ni Talle in Fronde, toujours terrestres.

FIN.

ADDITION.

Il faut ajouter la règle suivante, aux règles de la Nomenclature génèrique.

On peut tolérer les noms génériques formés par antithèses dérivées d'une autre dénomination génèrique; mais ces noms sont peu convenables.

Obs. On pourra donc conserver *Mahernia* L. formé de *Hermannia* L. *Maburnia* Thouars formé de *Burmannia* L., & *Metrocynia* Thouars formé de *Cynometra* L.; mais on ne devra établir des noms pareils qu'à défaut de tout autre.

TABLE DES MATIÈRES.

ERRATA.

Page	ligne		lisés
Page 5 ligne	21	qu' in	qu' il
13	23	attribute	attributs
15	27	monstruorité	monstruosité
,,	35	certitudo	certitude
,,	36	beaucop	beaucoup
,,	37	contribuis	contribué
26	22	ehanger	changer
31	32	emfin	enfin
38	28	lieus	liens
43	27	grouplés	groupés.

154 N. Esp. de Poissons Siciliens dont 59, sont figurés dans les planches, & 21 N. G. avec 88 N. Sp. de Plantes terrestres ou marines dont 18 y sont figurées.

10. Indice d'Ittiologia Siciliana, ossia Catalogo metodico dei nomi latini, italiani e siciliani dei pesci che si rinvengono in Sicilia, con diversi appendici. Messina 1810, opuscolo con 2 tavole. — J'y désigne 390 espèces de Poissons Siciliens, dont à peine la moitié etait connue des plus modernes ichthyologistes comme Lacépède & Shaw. Les appendix contiennent la description de 28 N. G. & 45 N. Esp. omises dans l'ouvrage précédent, & 7 N. G. sont figurés dans les 2 planches.

11. Statistica generale della Sicilia. Parte Prima. Fisico della Sicilia. Palermo 1810. opuscolo, con 2 carte della Sicilia. — La seconde partie de cet ouvrage ou la Statistique morale de la Sicile, fut prohibée par un ministre ignorant.

12. Monography of the Genus BERTOLONIA. Envoyé en 1810 à la Société linnéene de Londres. Le type de ce Genre est la *Verbena nodiflora* de Linné, je prouve que plusieurs espèces ont été confondues sous ce nom & j'en décris 7 espèces dont 3 nouvelles.

13. Description of 2 N. G. of Crustaceons YALOMUS and HETERELUS, a N. Sp. of atlantick Fish *Echeneis caudisetis*, a new Truff of Sicily *Tuber rufescens* with 2 plates. — Envoyé en 1811 à la Societe linnéene de Londres.

14. Monography of the Genus CALLITRICHE. — Envoyé en 1812 à la Société linnéene de Londres: j'y ai accru ce Genre jusqu'à 16 espèces dont la moitié nouvelles & j'ai prouvé ses rapports naturels avec les Euphorbiacées dont je l'ai rapproché.

15. Specchio delle Scienze o Giornale Enciclopedico di Sicilia: primo tomo, 6 numeri, Gennaro a Giugno 1814. — Les articles somiologiques de ce premier volume sont. Plan de la mèthode naturelle de Somiologie; Classes des Plantes; Ordres de la première Classe; Tableau des Genres du premier Ordre de Plantes; Neogenyte exotique ou 20 N. G. de Plantes, *Phemeranthus*, *Phyllepi*-

dum, *Valentinia*, *Kinia*, *Radiana*, *Bonannia*, *Geanthus*, *Psychanthus*, *Triclisperma*, *Viviania*, *Bivonea*, *Crassina*, *Wilsonia*, *Fe..gnia*, *Edwardia*, *Tenorea*, *Hexorima*, *Vireya*, *Plenckia*, *Dicarphus*; trois N. Esp. de plantes Siciliennes *Betula etnensis*, *Spartium etnensis*, *Buphthalmum crassifolium*; N. G. de Poisson Sicilien *Leptopus peregrinus*; N. G. de Conferve d'eau douce *Arthrodia linearis*; deux nouveaux animalcules microscopiques *Xanemus vibrioides*, *Paramecium dioxinum*.

16. Précis des découvertes & travaux Somiologiques de C. S. Rafinesque. Palerme 1814. — Je viens d'y annoncer en forme d'une Lettre a M. Persoon mon plan de reforme pour l'histoire naturelle, les ouvrages que j'ai en vue de publier, & j'y ai donné les definitions ou caractères essentiels de 50 N. G. & 190 N. Esp. d'animaux & de plantes, dont quelques unes de chacune de mes 20 Classes, savoir, 3 N. G. & 7 N. Esp. de Mammifères, 3 N. Esp. d'Oiseaux, 3 N. Esp. de Reptiles, 2 N. G. & 18 N. Esp. de Poissons, 11 N. G. & 25 N. Esp. de Crustacés, 1 N. G. & 10 N. Esp. d'Insectes, 5 N. G. & 15 N. Esp. de Mollusques, 4 N. G. & 8 N. Esp. de Vers, 4 N. G. & 8 N. Esp. de Proctoles, 7 N. G. & 14 N. Esp. de Polypes: 14 N. Esp. d'Eltrogynes, 1 N. G. & 6 N. Esp. de Mesogynes, 3 N. Esp. d'Endogynes, 5 N. Esp. de Symphogynes, 1 N. G. & 2. N. Esp. d'Angiogynes, 6 N. Esp. de Gymnogynes, 2 N. Esp. de Phanérogynes, 2 N. Esp. de Cryptogynes, 5 N. G. & 18. N. Esp. d'Algues, & 6 N. G. avec 20 N. Esp. de Champignons, tous principalement Américains & Siciliens.

17. Chloris Etnensis o le quattro Florule dell'Etna. — Catalogue méthodique des Plantes du Mt. Etna, divisé en 4 Florules, Pedemontane, Nemorose, Alpestre & Arenaire; inseré à la fin du premier volume de l'histoire naturelle du Mt. Etna de Recupero, maintenant sous presse à Catania.

www.ingramcontent.com/pod-product-compliance
Lightning Source LLC
LaVergne TN
LVHW050435160826
845677LV00002BA/712

9782329676753